BEI GRIN MACHT SICH IHR
WISSEN BEZAHLT

- Wir veröffentlichen Ihre Hausarbeit,
  Bachelor- und Masterarbeit

- Ihr eigenes eBook und Buch -
  weltweit in allen wichtigen Shops

- Verdienen Sie an jedem Verkauf

Jetzt bei www.GRIN.com hochladen
und kostenlos publizieren

Bibliografische Information der Deutschen Nationalbibliothek:

Die Deutsche Bibliothek verzeichnet diese Publikation in der Deutschen National-bibliografie; detaillierte bibliografische Daten sind im Internet über http://dnb.d-nb.de/ abrufbar.

Impressum:

Copyright © 2009 GRIN Verlag, Open Publishing GmbH
Druck und Bindung: Books on Demand GmbH, Norderstedt Germany
ISBN: 9783640503131

Dieses Buch bei GRIN:

http://www.grin.com/de/e-book/140129/nutzungspotential-im-gebiet-der-norddeut-schen-vereisung

Marcel Demuth

Nutzungspotential im Gebiet der norddeutschen Vereisung

GRIN Verlag

GRIN - Your knowledge has value

Der GRIN Verlag publiziert seit 1998 wissenschaftliche Arbeiten von Studenten, Hochschullehrern und anderen Akademikern als eBook und gedrucktes Buch. Die Verlagswebsite www.grin.com ist die ideale Plattform zur Veröffentlichung von Hausarbeiten, Abschlussarbeiten, wissenschaftlichen Aufsätzen, Dissertationen und Fachbüchern.

Besuchen Sie uns im Internet:

http://www.grin.com/

http://www.facebook.com/grincom

http://www.twitter.com/grin_com

Nutzungspotential im Gebiet der norddeutschen Vereisung

Martin-Luther-Universität Halle-Wittenberg
Naturwissenschaftliche Fakultät III
Institut für Geowissenschaften

Veranstaltung: Landschaftsgenese und -gliederung Mitteleuropas
Semester: WS 08/09
Name: Marcel Demuth

Datum: 29.01.09

Gliederung

I Abbildungsverzeichnis   Seite

II Einleitung

Seit jeher bedient sich der Mensch an dem, was die Natur ihm zur Verfügung stellt. Im Laufe der Geschichte gab es eine stetig steigende Entwicklung im Bezug auf die Nutzung der Reichtümer der Erde. Dieses Wachstum war eng verbunden mit der technologischen, sozialen, wirtschaftlichen und demographischen Entwicklung der Menschheit. In Folge dessen hat sich das so genannte Naturraumdargebot, definiert als die gesamten „von [der] Natur bereitgestellten Reichtümer […], ohne Differenzierung der Nutzungsmöglichkeiten" (LESER 2005, S. 599), im Laufe der Menschheitsentwicklung reduziert. Auschlaggebend für diese Entwicklung sind die letzten 150 Jahre, in denen der Mensch durch extensive Ausbeutung, bedingt durch ein rasantes Bevölkerungswachstums und einer Vielzahl technologischer Innovationen, diese Reichtümer stark dezimierte. Da in vielen Fällen die Nutzungsmöglichkeiten jedoch aus technischen, finanziellen oder politischen Gründen begrenzt sind, beschränkt sich diese „Ausbeutung" auf die so genannten Geopotentiale, welches „im weitesten Sinne die natürlichen Ressourcen der Erde, die wirtschaftlich nutzbar sind" (LESER 2005, S. 290) beschreibt. Wie gut eine solche Ressource für die Menschen nutzbar ist, beschreibt das Nutzungspotential. Dieses determiniert sich aus verschieden geographischen und geologischen Faktoren, je nach Nutzungsart. Diese Faktoren, den daraus entstehend Nutzungsmöglichkeiten und deren Verbreitung werden im Folgenden näher erläutert.

1 räumliche Eingliederung

Das Gebiet der norddeutschen Vereisung deckt sich weitestgehend mit dem des Norddeutschen Tieflandes. Auf Grund seiner glazialen Vorgeschichte kann der Betrachtungsraum in

Alt- und Jungmoränengebiet unterteilt werden. Es ist ein relativ flaches und ebenes Gebiet, welches im Westen durch die Ems und im Osten durch die Oder abgegrenzt wird (HAVERSATH 1997, S. 7). Die höchste Erhebung, der Fläming östlich von Magdeburg, ist gerade einmal 201 Meter über NN. Als

Abbildung 1: Gebiet der norddeutschen Vereisung (Quelle: ECKART (2001), S. 1)

nördliche Abgrenzung fungieren die Küsten von Nord- und Ostsee. Problematischer ist hingegen die südliche Abgrenzung des Betrachtungsraumes. Hier stellen die maximalen Eisausbreitungen – im westlichen Bereich die Maximalausbreitung der Saalevereisung, im östlichen Bereich die Maximalausbreitung der Elstervereisung – die Grenzen des Betrachtungsraumes dar. In diesen Bereichen sind die Grenzen weniger deutlich ausgeprägt. Teilweise befindet sich die maximale Eisausbreitungslinie im Übergangsgebiet zwischen Tiefland und Mittelgebirgen, was eine exakte Abgrenzung erschwert. In Abbildung ist die maximale Eisausbreitung anhand der roten Linie dargestellt. Es ist ersichtlich, dass die Vereisungslinie stellenweise über die Fläche des Tieflandes (beige Farbe) bis in den Mittelgebirgsraum reicht (GLASER et al. 2007, S. 109).

2 Potential und Nutzung

Die verschiedensten Nutzungsarten und –möglichkeiten setzten bestimmte geographische und geologische Bedingungen bzw. Faktoren voraus. Bezüglich der landwirtschaftlichen Nutzung sind die Böden und das Klima von entscheidender Bedeutung. Die Böden und deren Entwicklung wiederum hängen eng mit dem Ausgangssubstrat, dem Relief aber ebenso von den klimatischen Bedingungen ab. Ein differenzierteres Bild ergibt sich für die Rohstoffe. Für deren Entstehung und die Bildung von Lagerstätten sind tektonische und geologische Prozesse ausschlaggebend. Aber auch klimatische Faktoren sind essenziell, jedoch nicht die heutigen, sondern die erdgeschichtlich bedeutend früheren klimatischen Bedingungen. Der touristische Nutzen benötigt ebenso bestimmt Faktoren, wie beispielsweise spezielle klimatische Bedingungen (jedoch sehr unterschiedlich je nach Tourismuszweig) und landschaftliche Gegebenheiten. Aber im Gegensatz zu den bereits genannten Nutzungsarten kann touristisches Nutzenpotential auch durch anthropologisches Einwirken entstehen. Die genannten Nutzungsarten werden in den folgenden Abschnitten genauer betrachtet.

2.1 Boden und Klima – Landwirtschaft

Das Potential eines Raumes für die landwirtschaftliche Nutzung wird durch verschiedene Faktoren bestimmt. Neben kulturellen und technischen Faktoren sind es grundlegend die Böden und deren „Qualität", aber ebenso das Klima und das Relief.

Die klimatischen Bedingungen im Raum der norddeutschen Vereisung lassen sich folgendermaßen beschreiben: Es liegt ein gemäßigtes Klima vor, welches durch milde Temperaturen und geringe Niederschläge charakterisiert wird. In Abbildung 2 werden die jährlichen

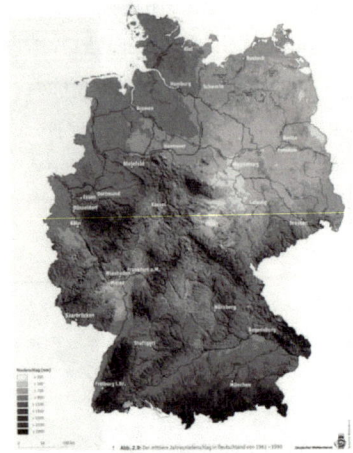

Niederschlagssummen dargestellt. Zu erkennen ist, dargestellt durch hellere bzw. dunklere Farben, dass es einen Unterschied in den Niederschlagwerten zwischen dem westlichen und östlichen Gebiet gibt. Sind die jährlichen Niederschlagssummen im Westen mit 700 bis 800 mm schon gering, werden diese im Osten nochmals unterschritten. Hier sind jährliche Niederschlagssummen von 500 bis 600 mm zu verzeichnen. Die Grundmuster der Niederschlags- und Temperaturverteilung werden durch verschiedene regionale und lokale Besonderheiten im Relief modifiziert. In Abbildung 2 wird dies durch die

Abbildung 2: Niederschlagssummen
(Quelle: GLASER et al. (2007), S. 32)

hell markierten Bereiche östlich des Harzes deutlich. Durch die Abschirmwirkung des Harzes stellen diese Räume die trockensten Gebiete in ganz Deutschland dar (HAVERSATH 1997, S. 40-43).

Diese Besonderheiten haben, neben dem Ausgangssubstrat, ebenso Einfluss auf die Böden und deren Entwicklung. Die Ausgangssubstrate der Böden im Betrachtungsraum sind glaziale Ablagerungen. Auf Grund der unterschiedlichen Dauer der Einwirkungszeit der exogenen Kräfte haben sich sehr unterschiedliche Böden entwickeln können. Da im Bereich des Jungmoränenlandes Erosions- und Auswaschungsprozess erst seit rund 12.000 Jahren wirken können, finden sich dort noch sehr fruchtbare und kalkhaltige Böden (BAUER 2005, S. 176). Typische Böden dieser Raumeinheit sind Parabraunerden und Pseudogleye (GLASER et al. 2007, S. 68).

Im Unterschied zum Jungmoränenland ist das Ausgangssubstrat im Altmoränenland bereits seit 100.000 Jahren den verschiedenen Verwitterungs- und bodenbeeinflussenden Prozessen ausgesetzt (BAUER 2005, S. 176), wodurch sich kalkarme Böden – überwiegende Podsole und Braunerden – entwickelten und im Bezug auf ihre Fruchtbarkeit geringer einzuschätzen sind. Welchen Einfluss das Relief auf die Entwicklung und somit auf die Potentiale eines Bodens hat, wird anhand der Lössgebiete deutlich. Die angesprochene Funktion des Harzes als eine Art „Regenbarriere" macht die östlich dieses Höhenstreifens liegenden

Gebiete zu den regenärmsten im Bundesgebiet. Dadurch konnten sich bis zum heutigen Zeitpunkt sehr fruchtbare Schwarzerden beziehungsweise Parabraunerden erhalten (GLA-SER et al. 2007, S. 68).

In Folge der unterschiedlichen Böden kann man Gunst- und Ungunstgebiet bezüglich der landwirtschaftlichen Nutzung ausweisen. In Abbildung 3 sind die Ertragszahlen der Böden

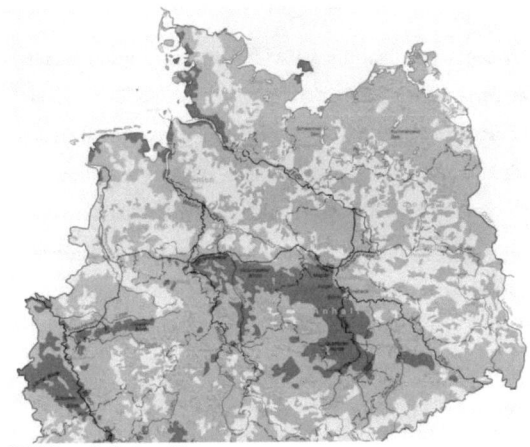

dargestellt. Bei deren Betrachtung lässt sich das Altmoräneland deutlich als ein Ungunstraum für landwirtschaftliche Nutzung erkennen, ersichtlich anhand der gelblichen Schraffierung. Diese kennzeichnet Gebiete mit Ertragszahlen unter 33 (Maximalwert 100). Dagegen können die Lössgebiete mit sehr hohen Ertragszahlen als „absolutes" Gunstgebiet bezeichnet werden, in Abbildung 3 als dunkelbraune Flächen hervorgehoben. Deren Ausbreitung beschränkt sich auf das nördliche bzw. nordöstliche Vorland der Mittelgebirge und ist die bedeutendste Zone der Landwirtschaft in Deutschland. An den regenärmsten Standorten (Hildesheimer und Magdeburger Börde, Leipziger Bucht) haben sich bis heute lessivierte Schwarzerden erhalten (HAVERSATH 1997, S. 47). Diese Böden erreichen die höchste Bonitätsstufe im Bundesgebiet (ECKART 2001, S. 199).

Abbildung 3: Bodengüte
(Quelle: NATIONALATLAS 2 (2003), S. 105)

Die typischen Anbaukulturen in den jeweiligen Bereichen sind sehr unterschiedlich und stellenweise auch in den einzelnen Bereichen sehr heterogen. Grundlegend können im Jungmoränengebiet aber der Weizen- und Zuckerrübenanbau sowie die Futterpflanzenwirtschaft als Hauptanbauarten differenziert werden. Im Altmoränengebiet sind dies überwiegend Roggen, aber auch große Bereiche der Grünlandbewirtschaftung. Im westlichen Bereich findet man eine große Dichte an Viehhaltungsbetrieben. In den ertragreichen Lössgebieten wird in weiten Bereichen Weizen angebaut, stellenweise aber auch Zuckerrüben sowie Obst- und Gemüse (DIERCKE 2002, S. 48).

2.2. Geologie und Tektonik – Rohstoffe

Neben dem landwirtschaftlichen Nutzen eines Raumes, dem bereits seit mehreren hundert Jahren eine wichtige Bedeutung für die dort lebenden Menschen hatte, spielen - speziell seit Beginn der Industrialisierung - die Vorkommen von Rohstoffen eine entscheidende Rolle.

Die Lokalisation von Rohstoffen ist eng verbunden mit verschiedenen geologischen und tektonischen Prozessen. Das Gebiet der norddeutschen Vereisung wird geologisch hauptsächlich durch tertiäre und quartäre Ablagerungen charakterisiert (GLASER et al. 2007, S. 109). Eine wichtige Rolle hat die alpidische Orogenese, die indirekt diesen Raum beeinflusste. Durch bruchtektonische Bewegungen, welche sich nördlich dieser Orogenese vollzogen, kam es zu starken Absenkungen. Diese Senke wurde mit sedimentären Ablagerungen verfüllt (ebd. 2007, S. 106). Diese Prozesse sind die Grundlage für die heutigen Rohstoffvorkommen und werden bei der Einzelbetrachtung der wichtigsten Rohstoffe näher erläutert. Darüber hinaus sind aber auch rohstoffspezifische klimatische Bedingungen von entscheidender Bedeutung, welche mit den heutigen nicht zu vergleichen sind.

2.2.1 Salz

Spezifische Bedingungen als Grundlage für das Vorhandensein einer Lagerstätte sind im Falle des Salzes das Vorhandensein eines Meeres sowie eines trockenen und heißen Klimas. Nur wenn diese Kriterien erfüllt sind, kommt es zur Entstehung von Salzlagerstätten. Das Salz fällt durch diese klimatischen Bedingungen aus dem Meereswasser aus und lagert sich am Meeresboden ab. In Folge des Absinkens des Raumes (durch die bruchtektonischen Bewegungen) lagerten sich im Laufe der Erdzeitalter mächtige Deckschichten über diese Salzablagerungen ab. Eine wichtige Voraussetzung für die heutigen Vorkommen von Salz ist außerdem eine physikalische Eigenschaft des Salzes: Bei starken, anhaltendem

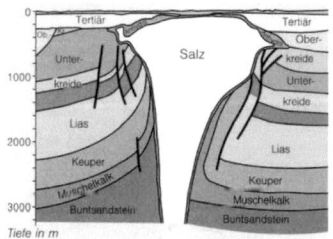

Druck wird Salz plastisch. Durch das Gewicht der Deckschichten entstand dieser Druck und das plastische Salz wanderte auf Grund der geringeren Dichte im Vergleich zum Deckgebirge an Schwächezone in Richtung der Erdoberfläche, wie es in Abbildung 4 dargestellt ist (BAUER 2005, S. 70).

Abbildung 4: Salzstock im Untergrund von Norddeutschland
(Quelle: NATIONALATLAS 2 (2003), S. 36)

Salz bildet eine unentbehrliche Rohstoffquelle für Landwirtschaft, Nahrungsmittel- und Arzneiindustrie und vor allem chemischen Industrie. In vielen Fällen war das Vorkommen der Ausgangspunkt der wirtschaftlichen Entwicklung von Städten und ganzen Regionen (Bsp.: Lüneburg, Halle). Die ausgedehnten Salzlagerstätten befinden sich zum Großteil im norddeutschen Raum, wie in Abbildung 5 deutlich zu erkennen. Die Kalisalzförderung beschränkt sich auf den Raum Hannover und des Bundeslandes Sachsen-Anhalt. Mit jährlich 3,6 Millionen Tonnen zählt Deutschland zu einen der führenden Produzenten weltweit.

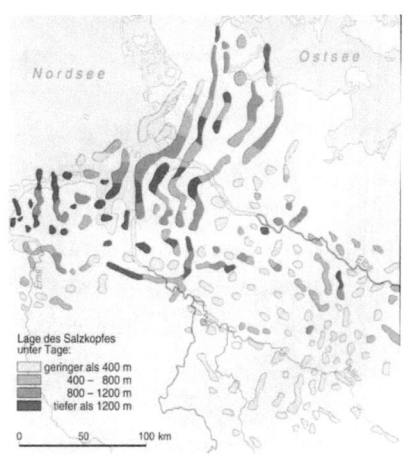

Abbildung 5: Salzstöcke in Norddeutschland
(Quelle: BAUER (2005), S. 71)

Die Steinsalzförderung wird im niedersächsischen Stade sowie im Raum Bernburg – Staßfurt betrieben (GBR 2008, S. 107). In Abbildung 5 wird aber ebenfalls deutlich, dass ein großer Unterschied zwischen den vorhandenen Lagerstätten (Naturraumdargebot) und den nutzbaren Lagestätten (Geopotential) besteht. Salzstöcke, welche sich nahe der Oberfläche befinden, sind gelblich markiert. Es können nur jene Salzvorkommen wirtschaftlich genutzt werden, die in Form von Salzstöcken und Salzsätteln in eine bergbaulich erreichbare Tiefe aufgestiegen sind und so aus technischen und kostenbedingten Gründen einen Abbau ermöglichen. Die tiefer liegenden Salzstöcke (in Abbildung 5 lila und violett markiert), können nicht wirtschaftlich genutzt werden. Sie haben aber dennoch eine wichtige Bedeutung und zwar hinsichtlich der Erdöl- und Erdgasvorkommen (NATIONALATLAS 2 (2003), S. 36).

2.2.2 Erdöl- und Erdgas

Die Entstehung von Erdöl und Erdgas ist sehr kompliziert und bis heute nicht in allen Einzelheiten geklärt. Bekannt ist, dass durch eine Druckzunahme, die wiederum durch das Gewicht der Deckschichten oder durch seitlichen Druck (in Folge bruchtektonischer Bewegungen) hervorgerufen wird, das Öl und Gas durch Klüfte und Spalten in poröses Speichergestein (Kalk-, Sandstein) wandert. Diese „Wanderung" kann nur durch undurchlässige Schichten aufgehalten werden. Diese Schichten können beispielsweise aus Salz bestehen. Die Vorkommen von Gas und Öl beschränken sich hauptsächlich auf das norddeutsche Gebiet, jenen Raum, in dem die größten Salzvorkommen zu finden sind (BAUER 2005, S. 74).

Die Gesamtreserven von deutschen Erdöl und Erdgas belaufen sich auf 36,9 Millionen Tonnen beziehungsweise 218,3 Milliarden Kubikmeter (LBEG 2008, S. 2-3). Die Konzentration der Vorkommen auf den Bereich der norddeutschen Vereisung wird an folgende Zahlen deutlich: Rund 97 % der deutschen Erdölreserven lagern in Norddeutschland, davon 34 % in Niedersachsen und 63 % in Schleswig-Holstein. Ein noch deutlicheres Gesamtbild ergibt sich bei der Betrachtung von Erdgas: Hier lagern 99,9 % im norddeutschen Raum, davon 97,9 % in Niedersachsen. Mit diesen Reserven werden 27 % des deutschen Erdgas- und rund 15 % des deutschen Erdölbedarfs gedeckt. In Abbildung 6 ist die statische Reichweite dargestellt, ein Quotient, der den Zeitpunkt angibt, an dem die Reserven aufgebraucht sind. Aus diesem Diagramm wird ersichtlich, dass die Vorkommen an Erdöl in 11 Jahren, die Vorkommen an Erdgas in 12 Jahren aufgebraucht sind (LBEG (2008), S.

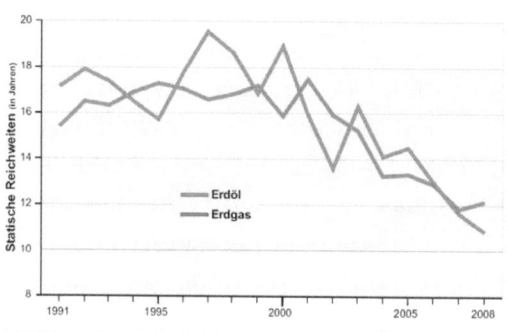

Abbildung 6: statische Reichweite der Reserven Öl und Gas
(Quelle: www.lbeg.niedersachsen.de)

2). Bei diesem Quotient wird aber angenommen, dass alle Lagerstätten bekannt und auch erschlossen sind, dass es keine Veränderung der technischen, wirtschaftlichen und politischen Rahmenbedingungen gibt und die Förderraten konstant bleiben.

2.2.3 Kohle

Da Erdöl und Erdgas in den nächsten Jahrzehnten als wichtiger Energielieferant wegfallen, benötigt man Alternativen. Eine dieser wird mit großer Wahrscheinlichkeit Kohle darstellen, zumal dieser Rohstoff schon zum jetzigen Zeitpunkt der wichtigste Energierohstoff ist. Aber nicht nur in der Gegenwart kommt der Kohle eine wichtige Rolle zu, denn bereits in der Vergangenheit war der Nutzen der Kohle von großer Bedeutung. Ohne diesen Rohstoff wäre die industrielle Entwicklung des 19. Jahrhunderts und das Wirtschaftswunder der Nachkriegsjahre nicht möglich gewesen. Die einst aufstrebenden Industriezweige benötigten sehr viel Energie, welche man mit Hilfe der Kohle erzeugte. Wiederum hängt die wirtschaftliche Entwicklung von ganzen Regionen, wie am Beispiel von Salz bereits erwähnt, vom Vorkommen eines Rohstoffes ab. Die Entwicklungen des Ruhrgebietes zum Zentrum der Stahl- und Eisenindustrie und des Mitteldeutschen Industriedreiecks zum Schwerpunkt der chemischen Industrie - Wirtschaftszweige mit immensen Energiebedarf - wären ohne einen massenhaft vorhanden Energierohstoff und dessen Nutzung undenkbar gewesen. Im Ruhrgebiet waren es die Steinkohlevorräte, die größten Deutschlands, die diese Entwicklung möglich machten. Entstanden im Karbon vor ca. 300 Millionen Jahren ist die Steinkohle bedeutend älter als die Braunkohle (BAUER 2005, S. 72). Auf Grund des hohen Alters liegen mächtige Deckschichten über den Steinkohlelagerstätten. Die Flöze befinden sich in Tiefen zwischen 800 und 1350 Meter (NATIONALATLAS 2 2003, S. 49). Diese Tiefe macht den Abbau der Steinkohle technisch sehr aufwendig und somit auch kostenintensiv. Im Vergleich zu anderen Kohleförderländern, in denen günstigere Lagerungsbedingungen vorliegen, ist der deutsche Steinkohlebergbau nicht konkurrenzfähig. Der Preis für eine Tonne deutscher Steinkohle liegt mit 170 Euro deutlich über den Preisen der importierten Steinkohle, der mit 68 Euro beziffert wird. Auf Grund der Versorgungssicherheit und aus arbeitsmarktpolitischen Gründen wird die deutsche Steinkohle jährlich mit 2,5 Milliarden Euro (2008) subventioniert. Aktuell sind im Ruhrgebiet sieben Anlagen in Betrieb. Der bekannte Gesamtvorrat beläuft sich auf 83,1 Milliarden Tonnen. Da die Subventionierung aber im Jahr 2018 ausläuft, können bei jetzigen Förderraten nur noch rund 118 Millionen Tonnen abgebaut werden. Die statische Reichweite beträgt dennoch 900 Jahre (BGR 2008, S. 47-49).

Im Vergleich zur Steinkohle ist die Braunkohle qualitativ und somit auch aus energetischer Sicht bedeutend niedriger einzuschätzen. Der Heizwert einer Tonne Braunkohle entspricht rund 0,3 Tonnen Steinkohle. Jedoch ist deren Abbau deutlich kostengünstiger. Da die Braunkohle im Tertiär entstand, lagern die Vorkommen in bedeutend günstigeren geologischen Bedingungen. Der Einsatz von leistungsfähiger Abbautechnik ermöglicht den Braunkohleabbau zu akzeptablen Preisen. Diese guten geologischen Bedingungen und die reichen Vorkommen machen Deutschland weltweit zu dem größten Braunkohleproduzenten. Die wichtigsten Lagerstätten sind im Lausitzer Raum und im Mitteldeutschen Revier lokalisieren. Die förderfähigen Reserven betragen etwa 77 Milliarden Tonnen, von denen nach dem heutigen Stand 41 Milliarden Tonnen abbaubar sind. Hinsichtlich der statischen Reichweite mit rund 225 Jahren ist die Nutzbarkeitsdauer im Vergleich zur Steinkohle jedoch um ein Vielfaches geringer (BGR 2008, S. 49-51).

Aufgrund der geringen Reichweite der Braunkohle, den hohen Kosten des Steinkohleabbaus und den in jüngerer Zukunft ausgeschöpften Erdöl- und Erdgasvorkommen steht man vor schwierigen Fragen der zukünftigen Energieversorgung. Die Verantwortung der heutigen Gesellschaft für ihre zukünftigen Generationen und die bereits gegenwärtige, kritische Energieversorgungssituation verlangen nach baldigen und tragbaren Lösungen.

2.3 Tourismus

Durch die Nutzung des Raumes und deren Vorkommen und Potentiale hat der Mensch stellenweise erheblichen Schaden im Landschaftsbild angerichtet. Dennoch gibt es Regionen im Bereich der norddeutschen Vereisung, in der durch glaziale und periglaziale Prozesse eine Vielzahl von Landschaftsformen mit enormer Attraktivität entstanden ist. Hier stechen vor allem die Küstenbereiche und das Gebiet des Jungmoränenlandes hervor, was

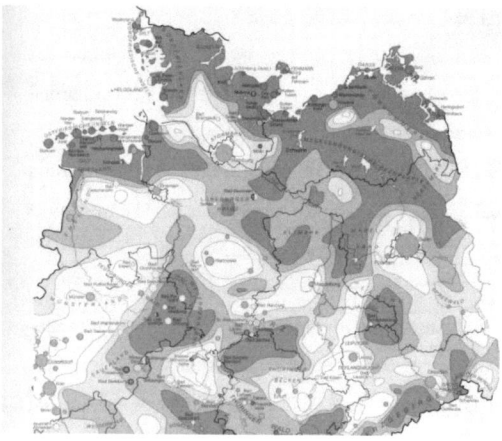

anhand eines „Attraktivitätsindex" in Abbildung 7 verdeutlicht wird. Die dunkelgrünen Gebiete weisen Räume mit einem hohen Attraktivitätsindex aus. Die landschaftliche Schönheit der Küste und des Meeres zieht jährlich Millionen Menschen in diese Regionen. Ein weiteres Beispiel ist die Mecklenburgische Seenplatte. Durch das reiche Seenangebot gibt es viele Möglich-

Abbildung 7: landschaftliche Attraktivität (Quelle: BECKER / MAYR (2000), S. 27)

keiten des Wasser- und Angelsports und ist ein Anziehungspunkt für Campingurlauber. Aber auch Regionen, welche durch den Menschen geprägt und neu definiert wurden, haben Potential im touristischen Bereich. Die Lüneburger Heide, eine durch den Menschen geschaffene Kulturlandschaft, ist ein exzellentes Beispiel. Darüber hinaus gibt es touristische Anziehungspunkte, die vollständig anthropogen bedingt sind. Beispiele dafür sind Großstädte, die mit ihrem Kulturangebot, mit ihrer Geschichte und ihrem Image viele Menschen anziehen. Ein weiteres Beispiel hierfür sind in den letzten Jahrzehnten geschaffen Struktu-

ren, die nur für den touristischen Nutzen gedacht sind, wie es beispielsweise bei Freizeit-
und Erlebnisparks wie dem Heidepark der Fall ist.

2.4 Fazit

Die aufgezählten und erläuterten Nutzungsmöglichkeiten im Raum der norddeutschen
Vereisung stellen nur die bedeutendsten Potentiale dar. Es gibt bei weiten noch eine Vielzahl anderen Nutzungsarten. Die Rohstoffvorkommen im Bertachtungsraum beschränken
sich natürlich nicht nur auf Salze, Erdöl- und Erdgas sowie Kohle. Im Betrachtungsraum
finden sich eine Vielzahl an Massenrohstoffen, wie Kies und Sande. Ebenso liegt ein hohes
Potential im Bereich der „grünen" Energie, den Windkraftanlagen. Die klimatischen Bedingungen und das Relief sind perfekte Voraussetzungen für deren Nutzung, speziell im
küstennahen Raum und in jüngster Vergangenheit auch vor der Küsten (Offshore-
Anlagen).

Den Anspruch einer vollständigen Beschreibung aller Nutzungspotentiale kann und sollte
diese Arbeit nicht erfüllen. Vielmehr zeigt sie einen Überblick über die fundamentalen
Bereiche, welche für die wirtschaftliche und gesellschaftliche Entwicklung der in diesem
Raum lebenden Menschen in der Vergangenheit aber auch in der Gegenwart von entscheidender Bedeutung waren bzw. noch immer sind.

III Literatur- und Quellenverzeichnis

Literatur

BAUER, J. (2005): Physische Geographie kompakt. 4., aktualisierte und erw. Aufl., Lizenzausg. München: Elsevier [u.a.].

BECKER, C.; MAYR, A. (2000): Freizeit und Tourismus. Heidelberg: Spektrum Akad. Verl. (Nationalatlas Bundesrepublik Deutschland / Institut für Länderkunde, Leipzig (Hrsg.). /Projektl., Bd. 10).

BGR [Hrsg.] (2008): Bundesrepublik Deutschland – Rohstoffsituation 2007. Hannover. Bundesanstalt für Geowissenschaften und Rohstoffe. (Rohstoffwirtschaftliche Länderstudien, Heft 37).

DIERCKE (2002): Diercke-Weltatlas. 5. Ausg., 2., aktualisierte Aufl. Braunschweig: Westermann.

ECKART, K. (2001): Deutschland. 143 Karten und Abbildungen sowie 18 Übersichten und 166 Tabellen, im Anhang ein farbiger Bildteil mit Kommentaren. 1. Aufl. Gotha: Klett-Perthes (Perthes-Länderprofile).

GLASER, R.; GEBHARDT, H.; BAUMHAUER, R. (2007): Geographie Deutschlands. Schenk, Winfried (Hg.). Darmstadt: Primus-Verl. WBG.

HAVERSATH, J.-B. (1997): Deutschland - der Norden. 1. Aufl. Braunschweig: Westermann (Das geographische Seminar).

LBEG [Hrsg.] (2008): Erdöl- und Erdgasreserven in der Bundesrepublik Deutschland am 1. Januar 2008. Hannover. (Landesamt für Bergbau, Energie und Geologie).

LESER, H. (2005): DIERCKE-Wörterbuch allgemeine Geographie. Neubearb. der Ausg. Mai 1997, 13., völlig überarb. Aufl., Gemeinschaftsausg. München: Dt. Taschenbuch-Verl. (dtv, 3422).

NATIONALATLAS 2 (2003): Relief, Boden und Wasser. Heidelberg, Berlin: Spektrum Akad. Verl. (Bundesrepublik Deutschland Nationalatlas, 2).

Internet

www.bgr.bund.de

http://www.lbeg.niedersachsen.de/master/C31802358_L20_D0.html

http://www.erdoel-erdgas.de/

http://www.bgr.bund.de/cln_092/nn_322848/DE/Themen/Energie/Kohle/kohle__inhalt.html

http://www.steinkohle-portal.de/rubrik.php?id=1034&ParentID=1024

http://www.braunkohle.de/pages/grafiken.php?page=247

(letzter Zugriff: 13.01.09)